爱上数学 15
· 立体图形 ·

奔跑吧，图兰

〔韩〕安美兰 / 著　〔韩〕金艺瑟 / 绘　刘娟 / 译

云南出版集团　晨光出版社

桌子上有两张浩浩的照片，照片中的他正在演奏乐器。

虽然两张照片中是同一种乐器，但看起来却完全不一样。

浩浩究竟在演奏什么乐器呢？

图兰看上去很开心，原来今天学校要举办运动会，他要代表班级参加接力比赛。

"妈妈，您会来看运动会吗？我肯定会取得接力比赛的第一名，您一定要来给我加油呀。"

"没问题，妈妈肯定会去的，到时候爷爷奶奶也一起去给你加油。"妈妈一边卷着圆滚滚的紫菜包饭，一边向图兰承诺。

"图兰呀，你能帮我拿下饭盒吗？要那个……"

"我知道，我知道！"不等妈妈把话说完，图兰就快速地拿起一个圆柱形的保温饭盒，递给了妈妈。

"你这孩子总是这么毛毛躁躁的，先听我把话说完呀。"妈妈说完，自己拿出了一个长方形的饭盒。

"今天给你做了紫菜包饭，用长方形的饭盒更合适。"

吃过早饭，图兰早早地来到学校，操场上已经有不少同学在为运动会做准备了。

图兰的同班同学小强正在吹一个圆滚滚的气球。

"小强，你吹气球干什么呀？"

"当然是给参加比赛的同学们加油用啦。"小强回答道。

而隔壁班的同学则正忙着制作高脚帽形状的喇叭。做完后，他们开始练习给运动员助威的口号。

这时，图兰看到老师站在远处朝他招手，他赶紧穿过操场，跑到了老师面前。

"老师，怎么了？"图兰问道。

"图兰，感觉怎么样？"

"没问题，我们班一定能拿冠军。"图兰信心满满地说。

"好好加油，期待你的表现。对了，图兰，你能帮老师去体育室拿一下接力棒吗？在一个非常大的袋子里……"

"知道啦，知道啦。"

不等老师说完，图兰就一阵风似的跑走了。

体育室里堆满了各种体育器材，有垫子、跳箱、平衡木、跳绳、足球等等。

"老师说接力棒在一个很大的袋子里……"

图兰在角落里发现了一个大袋子，里面装满了东西。

"没错，老师说接力棒在一个大袋子里！那肯定是这个了！"图兰提着大袋子，毫不犹豫地向外跑去。

"老师，我找到了！"图兰气喘吁吁地跑回操场。

老师打开袋子一看，忍不住笑了："这不是接力棒，是体操棒*呀。"

图兰一看，果然拿错了，不好意思地羞红了脸。

老师连忙安慰他："没关系，你再回去仔细找找，慢慢来。"

图兰马上转身准备去体育室。

"对了，图兰，你回体育室的时候再帮我拿样东西，就是分组后要扔的那个……"

"知道了，知道了！"急性子的图兰又没等老师说完，就跑开了。

---

* 体操棒：一种体操器具，用樱花木等质地坚硬的木材制成，通常用于舒展身体或表演韵律操。

这次，图兰跑到体育室的速度比上次还快。

到了体育室后，他仔细观察和确认袋子里面的东西。

"终于找到啦，圆柱形的接力棒！"

图兰刚要走出体育室，突然想起老师还交代过一个活儿，顿时愣在了原地。

　　"老师刚才好像说让我再拿一样东西……是什么来着？"

　　图兰又仔细环顾了一下体育室，突然发现了装沙包的收纳篮。

　　"啊，没错，就是这个！老师刚才好像提到了分组，应该就是要通过扔沙包来分组。"

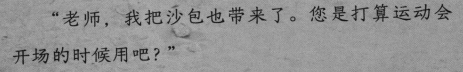

"老师，我把沙包也带来了。您是打算运动会开场的时候用吧？"

老师轻轻地摇了摇头。

图兰意识到自己这次又拿错了，懊恼地低下了头。

老师看到图兰哭丧着脸，连忙轻轻拍了拍他的肩膀，安慰他说："你这次不要着急，仔细听我把话说完，我想让你拿的是躲避球，去吧。"

这一次，图兰吸取之前的教训，认真听完了老师的话。

图兰好像一点儿都不觉得累，他再次奋力地向体育室跑去。

没想到刚一走近教室，就听到里面传来"咚咚咚"的声音。

"是谁在里面呢？"图兰透过玻璃窗向体育室里看去。

"咦，怎么是浩浩呀？他在这里干什么？"图兰隐隐约约看到浩浩手里拿着什么东西。

"好像是圆形的……肯定是我要找的那个球！"图兰松了口气，想着这次肯定能办好老师交代的事。

图兰推门走了进去，浩浩吓了一大跳，赶紧把手里的东西藏到了身后。

"浩浩，你为什么把球藏起来呀？"

"什么球？这不是球啊……"浩浩一脸疑惑地看着图兰，把藏在身后的东西拿了出来，原来是一个鼓。他还"咚咚咚"地敲了几下。

"这可太奇怪了，我刚才明明看到你拿的是球呀……"

"啊，我知道了，你看到的是这个！"说着浩浩站起来，把鼓面倾斜给图兰看。

"咦？怎么现在又变成圆形了呢？"图兰觉得很神奇。

"因为鼓是一个圆柱体呀，所以不管是从上面看还是从下面看，看起来都是圆形的，但如果从侧面看就是一个四边形。"

"原来是这样啊！"图兰恍然大悟。

这时，图兰看到旁边放着一个高脚帽，他顺手捡了起来，不停地变化方向，仔细观察起来。

"哇！原来高脚帽不管从上面看还是从下面看都是圆形，从旁边看则是三角形。"

"没错，因为高脚帽是圆锥体。"

25

"这个高脚帽是你的吗？"图兰问。

"是的，开运动会的时候我会戴上高脚帽，敲着鼓迎接家长。不过我担心到时候会出现失误。"浩浩不好意思地说。

"所以你才在这里悄悄练习呀。别紧张，你肯定没问题，要不你先把我当成观众练习一下？"图兰一脸期待地看着浩浩说。

浩浩鼓起勇气，深吸一口气，"咚咚咚"地敲起鼓来。

不一会儿，广播响了："运动会马上就要开始了。请大家到操场集合。"

图兰这才想起来老师交代他的事。

"呀，我差点儿忘了，我要拿躲避球。"图兰赶紧找到老师说的躲避球，牢牢地抱在了怀里。

浩浩则戴好高脚帽，把鼓挂在胸前。

"浩浩，你要好好表现哦！我也会在接力赛中加油的！"

说完，两个人就飞快地向操场跑去了。

紧张的运动会开始了！很快就到了接力赛。

图兰紧紧握住圆柱形的接力棒，站在起跑线上，默默地想：

"图兰，你刚才一直在体育室和操场之间跑来跑去，热身活动已经做得很充分了！一定没问题的！"

枪声在耳边响起，图兰如离弦的箭一般冲出了赛道，同学们纷纷为他加油：

"奔跑吧，图兰！冲呀！"

班

让我们跟图兰一起回顾一下前面的故事吧!

我握紧圆柱形的接力棒奋力奔跑的样子,看起来很帅气吧!体育室里有很多各种形状的物品,因为没听完老师的话,我把体操棒错当成了圆柱形的接力棒,把沙包错当成了老师要的球。在老师的帮助下,我和大家一起认真准备了运动会。看到拿着鼓的浩浩,我明白了视角不同,看到的立体图形的形状也会随之发生变化。

那么接下来,我们就深入研究下立体图形吧。

数学面对面

认识立体图形

数学概念

我们周围的物体形状各不相同。但如果仔细研究，就会发现有些物品的形状非常相似。接下来，让我们将房间里形状相似的物品分一下类吧。

房间内的物品按照形状大致可以分为三类。

书籍、骰子都是四方形的盒状，而鼓和胶棒属于圆柱体，足球、珠子等属于球体。接下来我们对这些形状进行进一步的研究。

将书放在素描本上，沿着书底面的轮廓画出它的形状，画出来的图形是长方形。

 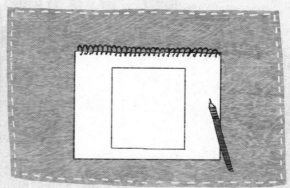

　　长方体有 6 个面。有的长方体 6 个面都是长方形，有的长方体 4 个面是长方形、2 个面是正方形。面与面相交的线段叫作棱，棱与棱相交的点叫作顶点。

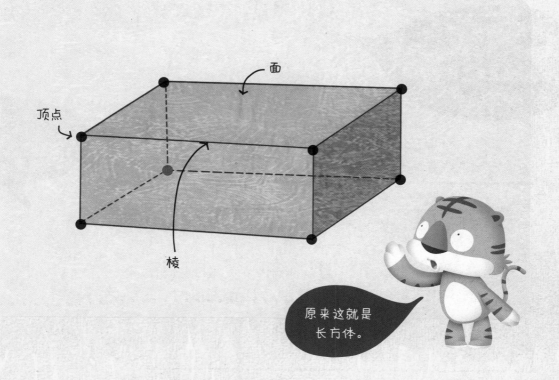

面

顶点

棱

原来这就是长方体。

接下来，我们来详细了解一下与长方体非常相似的正方体。

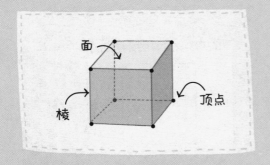

正方体有 6 个面，每个面都是正方形，且大小相同。与长方体一样，正方体也是由面、顶点和棱构成的，12 条棱的长度都相等，有 8 个顶点。

构成长方体和正方体的面都是有名字的。如右图所示，粉色的两个永不相交的面是互相平行的关系，这两个面叫作**底面**，与底面垂直的面叫作**侧面**。

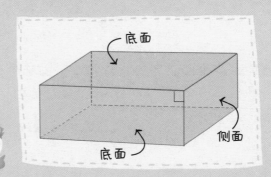

不能因为这个面在上面就称之为上面。不管面所在的位置是上还是下，统称为底面。

原来长方体和正方体有这么多相同和不同之处呀！

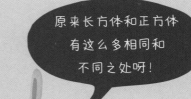

长方体和正方体看起来非常相似，不过它们也有不同的地方，具体有哪些不同，我们一起来看看吧。

	长方体	正方体
面的形状	长方形（特殊情况有两个相对的面是正方形）	正方形
面的数量	6 个	6 个
面的大小	相对的面大小相同	全部相同
棱的数量	12 条	12 条
棱的长度	相对的棱长度相同	全部相同
顶点的数量	8 个	8 个

圆筒形的立体图形叫作**圆柱**，圆柱由 1 个侧面和 2 个底面围成。球形的立体图形叫作**球体**，球体内存在球心。

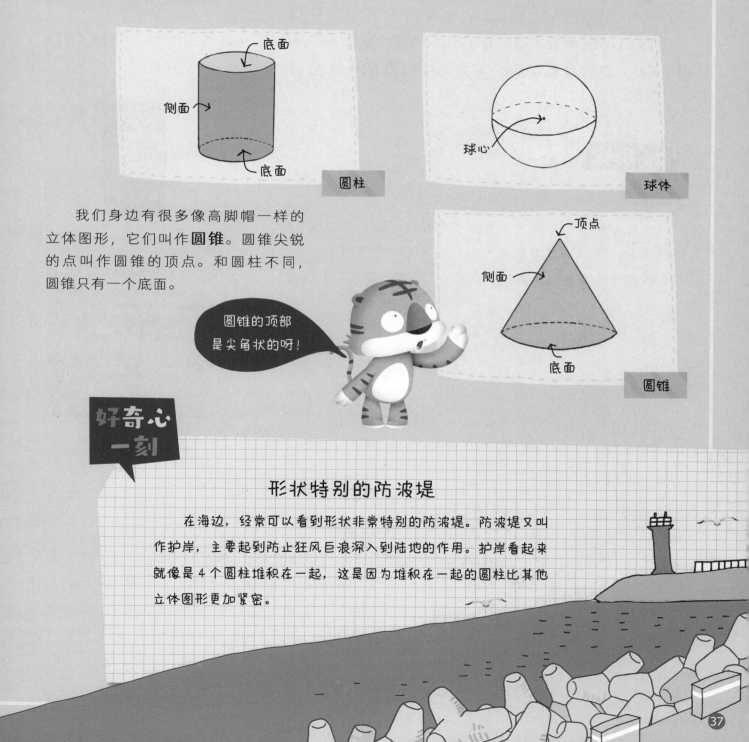

我们身边有很多像高脚帽一样的立体图形，它们叫作**圆锥**。圆锥尖锐的点叫作圆锥的顶点。和圆柱不同，圆锥只有一个底面。

圆锥的顶部是尖角状的呀！

好奇心一刻

形状特别的防波堤

在海边，经常可以看到形状非常特别的防波堤。防波堤又叫作护岸，主要起到防止狂风巨浪深入到陆地的作用。护岸看起来就像是 4 个圆柱堆积在一起，这是因为堆积在一起的圆柱比其他立体图形更加紧密。

身边的数学 生活中的立体图形

我们已经对长方体、正方体、圆柱、球体、圆锥等各种立体图形有了初步了解。接下来，我们再来了解一下生活中隐藏的立体图形吧。

🏛 历史

雨量器

雨量器是下雨时测量雨量多少的仪器。圆柱形的雨量器内部有量尺，可以准确地测量出累积的雨量。雨量器的发明可以帮助人们准确测量出雨量，对当时的农业生产活动很有帮助。

▶ 古代的雨量器
（收藏于世宗大王遗址管理所）

⚗ 科学

实验道具

在进行科学实验时，我们经常会使用各种各样的实验道具。量杯主要用于装水和油等液体，而量筒虽然与量杯一样，都是圆柱体，但却比量杯更细更长，主要用于测量液体的量。

▲ 量筒　　▲ 量杯

竹夫人

竹夫人又叫青奴、竹奴，是一种古代民间夏日的取凉用具。心灵手巧的古代人把竹子劈开后，把竹片交错编织制成圆柱形的抱枕。通常一个竹夫人的大小与一个成年人的身高相似，且抱枕内部中空利于通风，再加上竹子本身凉爽的触感，在没有电风扇和空调的过去，竹夫人就成了一种再好不过的消暑用品。

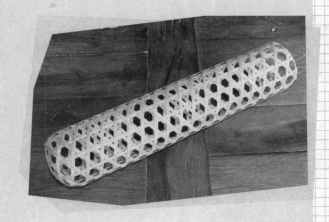

建筑

古建筑中的立体图形

在中国的古代建筑中，经常能见到起支撑作用的柱子，这些柱子的形状大多是圆柱体，也有少数是长方体。在柱子的上端，梁枋和屋顶的构架部分之间，有一层用零碎的小块木料拼合而成的构件，被称为"斗拱"。斗拱是中国木结构建筑的标志性构件，不仅具有承重功能，还能起装饰的作用。

▲ 佛光寺东大殿的唐代斗拱（韩青宁摄）

◄ 佛光寺东大殿是我国现存规模最大的唐代木构建筑（韩青宁摄）

寻找消失的物品

小朋友们正在参加运动会，图中有好几样东西不见了，只留下了影子。在最下方找到与影子形状相符的图片，分别与对应的影子连起来。

建造一座塔楼

小朋友们在用各种形状的积木建造塔楼。请仔细观察 示例 ，找出和示例使用的积木完全相同的塔楼并圈出来。

示例

趣味小游戏3 表情丰富的盒子娃娃

请仔细阅读制作方法, 用右页的图纸试着做一个可爱又表情丰富的盒子娃娃吧。

制作方法

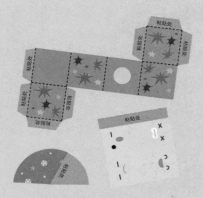

1. 沿着黑色实线把右页的①、②、③三个部分剪下来, 并把①中圆孔部分挖空。

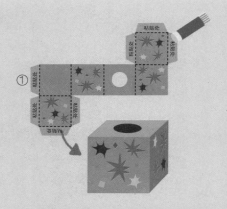

2. 把①按照山折线折叠后, 用胶水粘贴起来, 做成一个正方体。

3. 把②卷起来并用胶水粘上, 做成一个圆柱。

4. 把②插在①的圆孔中, 轻轻向下旋转至底端。

5. 把③卷起来, 用胶水粘住, 做成圆锥形的高脚帽, 戴在②的头上。转动高脚帽, 展示自己喜欢的表情, 还可以将②倒过来, 用另一端的表情, 一个可爱的盒子娃娃就完成了。

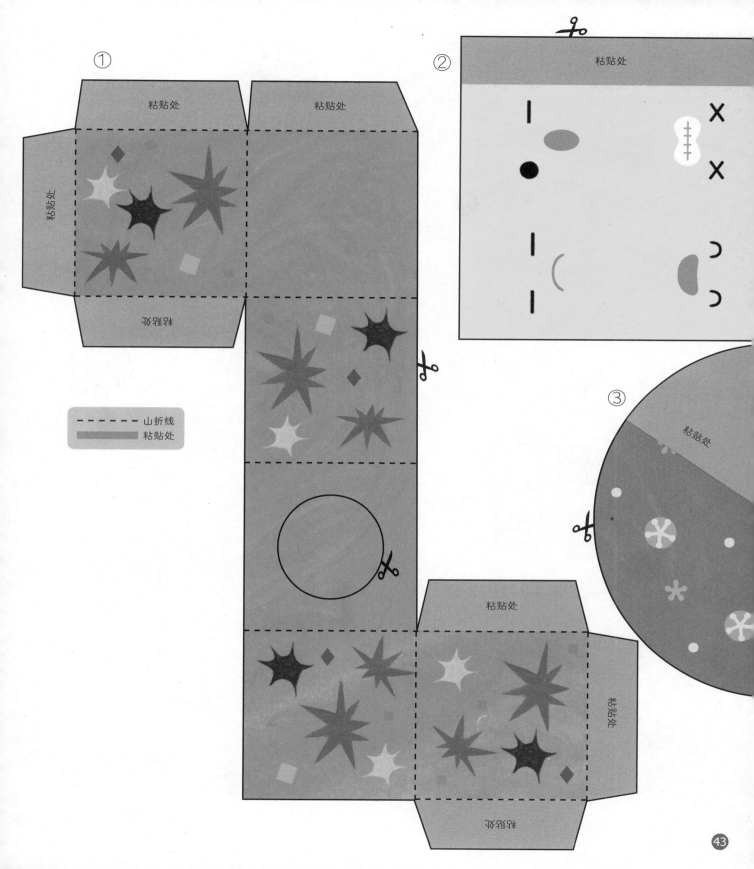

① 粘贴处 粘贴处 粘贴处 粘贴处 粘贴处

山折线
粘贴处

② 粘贴处

③ 粘贴处 粘贴处

粘贴处 粘贴处

43

切开前的形状

小朋友们把用橡皮泥做成的各种立体图形从中间切成了两半，请思考切开之前是什么图形，找到相对应的立体图形的名称，用线连起来。

这个是球形的。

这个形状像盒子一样。

这个是圆柱形的。

这个形状像高脚帽。

正方体

圆锥

球体

圆柱

正方体的家

正方体找不到自己的家了，请小朋友们仔细阅读写在房子上的文字，找出页面下方与描述相符的正方体，然后与房子连起来。

大家好！我是正方体，我是由6个正方形构成的。
对了，我的各条棱的长度都相等。

我是正方体，
我的棱是红色的，
面是橘红色的。

我是正方体，
我的顶点是紫色的，
面是绿色的。

我是正方体，
我的棱是绿色的，
顶点是蓝色的。

我是正方体，
我的棱是蓝色的，
顶点是红色的，
面是天蓝色的。

多角度看积木

小兔正在堆积木，请仔细观察下面三幅图的形状和颜色，写出每幅图是从哪个方向观察的。然后计算小兔一共使用了几块积木，填写在 ☐ 里。

看！我堆了三层积木。

哇！堆得可真好，像一座好看的建筑物！

从正面看到的图形。

第一层有 11 块积木，第二层有 ☐ 块积木，第三层有 ☐ 块积木，一共使用了 ☐ 块积木。

参考答案

40~41 页

42~43 页

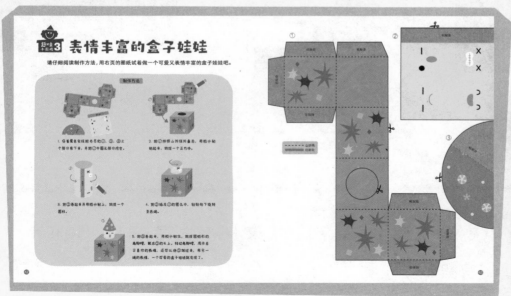

可以把盒子娃娃放在书桌上，每天将表情换成和你的心情相符的哦！